LEÇON D'OUVERTURE

D'UN COURS

DE GÉOGRAPHIE

ET D'HISTOIRE DE L'ASIE ORIENTALE

A L'ÉCOLE DES LANGUES ORIENTALES

IMPRIMERIE E. HEUTTE ET Cie, A SAINT-GERMAIN.

COURS

COMPLÉMENTAIRE

DE GÉOGRAPHIE

ET D'HISTOIRE

DE

L'ASIE CENTRALE ET ORIENTALE

A L'ÉCOLE SPÉCIALE DES LANGUES ORIENTALES VIVANTES

LEÇON D'OUVERTURE

PAR

CH. E. DE UJFALVY

Membre de la Société asiatique, chargé du Cours.

PARIS

ERNEST LEROUX, ÉDITEUR

LIBRAIRE DES SOCIÉTÉS ASIATIQUES DE PARIS, DE CALCUTTA,
NEW-HAVEN (ÉTATS-UNIS), DE SHANGHAÏ (CHINE)
28, RUE BONAPARTE, 28

1874

LEÇON D'OUVERTURE

D'UN COURS

DE GÉOGRAPHIE

ET D'HISTOIRE DE L'ASIE ORIENTALE

A L'ÉCOLE DES LANGUES ORIENTALES

Prononcée le 17 novembre 1874.

Messieurs,

Appelé à faire un cours sur la Géographie et l'Histoire de l'Asie centrale, nous avons l'intention de consacrer une large part à l'Ethnographie, c'est-à-dire à la Géographie des peuples. Permettez-moi d'abord, Messieurs, de vous présenter quelques considérations générales sur la science qu'on appelle l'Ethnographie, ensuite j'essayerai de vous tracer en peu de mots la marche que je compte suivre pour nos études de Géographie et d'Histoire.

La science qui s'occupe des différences qui existent entre les races humaines d'après les signes caractéristiques de la nature physique de l'homme, sa patrie primitive ou sa langue, s'est divisée en trois écoles. Ces trois écoles sont :

1° L'École physiologico-anatomique (représentée par Blumenbach et Retzius);

2° L'École géographique (depuis Desmoulins jusqu'à Agassiz);

3° L'École linguistique (représentée par Prichard, Johnes, Schleicher et par d'autres savants).

Ces trois écoles ont compris chacune l'Ethnographie à leur point de vue particulier.

Nous essayerons de démontrer que l'Anthropologie et l'Ethnographie sont incompatibles quand il s'agit de subdiviser l'espèce humaine et qu'il faut adopter une science à l'exclusion de l'autre pour éviter toute fâcheuse conclusion. Nous proposons d'accepter l'Ethnographie linguistique comme base sur laquelle nous appuierons nos recherches.

Dans aucune science, les savants n'ont été si peu d'accord sur les points essentiels, que dans l'histoire naturelle de l'homme.

L'homme, pris dans sa complexion physique comme être animal, est devenu l'objet d'une science appelée l'Anthropologie. L'homme, être intellectuel au contraire, possédant une âme qui a la conscience d'elle-même et qui aspire vers un but défini, est devenu à son tour l'objet d'une autre science appelée l'Ethnographie. Quoique ces deux sciences reposent sur l'examen d'un seul et même objet, quoiqu'elles poursuivent un même but, elles examinent cet objet à des points de vue tout à fait différents.

L'Anthropologie définit des races en réunissant des types congénères et en diminuant tout ce qui par sa nature n'entre pas dans le cadre de ses observations. L'Ethnographie, au contraire, classe, d'après des faits indiscutables, sous les noms de rameaux, branches, peuples et nations, les différentes formes sous lesquelles l'homme se présente.—(Nous adoptons le terme de nation comme unité ethnographique, pour l'opposer à celui de race, l'unité anthropologique; nous subdivisons les nations en peuples, le peuple en branches et la branche en rameaux.) — L'anthropologiste ne connaît que les races humaines, — l'ethnographe seulement les peuples et les nations.

L'humanité se subdivise donc en races et en nations; il y a dans l'origine des rapports manifestes entre les races et les nations, rapports qui nous démontrent que la race a dû exister primitivement et que les nations ne se sont formées qu'après. Une race peut donc renfermer des nations complétement différentes et indépendantes les unes des autres; mais une nation unique ne peut jamais faire partie à son origine de deux races différentes.

La patrie primitive, les mœurs, les usages, la croyance ont tous une grande influence sur les rapports de parenté qui existent entre les peuples; mais la langue est pour ainsi dire le ciment par excellence qui réunit les peuples pour en former une nation. On peut tout enlever à un peuple, sa patrie, son indépendance, ses mœurs et ses usages, sa croyance; aussi longtemps qu'on lui a laissé sa langue, il subsistera; si, au contraire, on lui enlève sa langue, on s'attaque à son caractère national et le peuple comme tel a cessé d'exister. La nouvelle langue a amené de nouvelles manières de voir, elle a ouvert de nouveaux horizons, elle a inculqué de nouveaux sentiments, c'est-à-dire elle a transformé le peuple.

La réunion de tous les individus qui parlent la même langue forme un peuple. Par la parenté qui existe entre les langues des différents peuples, on arrive à constituer une nation. De même que les langues, dont nous pouvons poursuivre le développement historique, nous démontrent l'existence d'une langue mère qui ne subsiste plus et dont ces idiomes dérivent, de même les peuples qui parlent une même langue démontrent l'existence d'un peuple primitif dont ils sont issus au moyen de scissions successives. Quand on veut s'occuper de l'existence préhistorique des peuples primitifs, on franchit les limites tracées par la science ethno-graphique et on s'égare dans des vues conjectu-rales absolument contraires à toute véritable con-ception scientifique.

L'Ethnographie ne doit se préoccuper que des différents peuples issus d'une même souche, d'une même nation, et elle est obligée de déclarer son incompétence chaque fois qu'on voudra lui prou-ver l'unité primitive des nations qui, comme nous l'avons dit tout à l'heure, ne parlent jamais la même langue.

Il y a certainement des mélanges qui font dis-paraître les caractères constitutifs des races ou des langues, mélanges dont nous constatons les effets. C'est ainsi que selon que nous nous plaçons au point de vue de la race ou de la langue, nous croyons découvrir des types d'origine différente. Il est naturel que l'Anthropologie, guidée seulement par le type physique de l'objet qu'elle décrit, en détermine l'espèce d'après la formation de certains organes.

La race est une conception purement anthro-pologique; cette science ne s'occupe pas des na-tions, car le terme de nation lui est étranger. Le contraire a lieu pour l'Ethnographie, cette science ne connaît que les nations et les peuples ; elle ne s'occupe que de ce qui constitue leurs particularités, c'est-à-dire leurs mœurs, leurs usages, leur croyance et avant tout leur langue. Les signes distinctifs de race sont en dehors de son domaine, et le mot de race est une conception étrangère à ce genre d'étude.

Si à l'unité de race correspondait l'unité de nation, rien ne serait plus facile que de concilier ces deux sciences ; mais comme cette concordance n'existe que très-rarement, nous sommes obligés de séparer très-nettement ces deux sciences. Citons quelques exemples :

Plusieurs savants sont de l'avis que les Grecs modernes sont plutôt un peuple slave qu'un peuple d'origine hellénique. Cette manière de voir est inexacte ; car elle exagère l'importance de l'élément slave que ce peuple renferme ; sa langue dérive au contraire bien plus de l'ancien grec que les langues néo-latines ne sont les filles de la langue romaine. Les mœurs, les usages, même les superstitions des Grecs modernes sont comme autant de réminiscences de la vie des anciens Hellènes ; leur esprit d'indépendance et leur inconstance dans les affaires politiques sont également un héritage plutôt hellénique que slave.

D'autres savants croient à une parenté des Magyars et des Osmanlis avec les peuples de souche indo-européenne et ils se refusent absolument à admettre leur parenté avec les Ostiaks à cheveux roux et les Lapons atrophiés. Ces savants ont peut-être raison au point de vue anthropologique; mais quand il s'agit *du peuple* magyar, sa langue nous démontre, malgré les nombreux éléments slaves et germaniques qu'elle contient, qu'elle est d'origine finnoise, et la nationalité, qui se manifeste surtout dans les couches inférieures du peuple, diffère complétement de celle des Allemands et de celle des Slaves.

Enfin d'autres savants considèrent les habitants de la Russie centrale comme faisant partie de la race mongolique, opinion assez spécieuse quand on songe aux mélanges de nations qui se sont opérés dans ces contrées; mais quant à la nationalité du peuple russe, elle ne saurait être mise en doute. Le peuple russe est aussi bien slave, et comme tel une branche de la famille indo-européenne, que les populations congénères : les Polonais, les Tchèques, les Serbes, les Croates, etc.

Nous venons de soutenir qu'au point de vue ethnographique, le Grec moderne s'était assimilé des éléments slaves, que le sang magyar était mélangé avec le sang germanique et slave, et que le

Russe s'était approprié, en partie du moins, le type caractéristique d'une nation étrangère. L'anthropologiste, sans doute, ne partagera pas notre manière de voir ; il soutiendra à son tour que, dans ces trois cas, ou du moins dans les deux derniers, la nationalité et la langue de ces peuples avaient été greffées sur une souche étrangère. L'ethnographe et l'anthropologiste ont également raison à leur point de vue ; la différence qui existe dans leurs opinions consiste en ce que chacun fait avant tout valoir le fait le plus important qui caractérise et constitue sa science et auquel il subordonne les autres. L'anthropologiste ne se préoccupe que de la race. L'ethnographe n'étudie que les nations. Ils sont tous les deux conséquents avec eux-mêmes.

Pour prouver d'une façon irrécusable que ces deux sciences ne pourront jamais s'accorder, nous sommes obligés de passer en revue les principes auxquels ils subordonnent le classement des races humaines.

Le savant suédois Retzius, le plus brillant des continuateurs de Blumenbach, subdivise les hommes, selon la conformation de leurs crânes, en dolichocéphales et en brachycéphales, et chacune de ces deux classes est encore subdivisée, selon la formation de la mâchoire, en orthognathes et en prognathes. Bory et Huxley établissent en dernier lieu une subdivision d'après la disposition des cheveux et d'après la couleur de la peau.

En Afrique, au sud du Sahara, dans l'Inde, dans l'Inde australe, dans les îles andamanes, dans l'intérieur de la presqu'île malaie, dans l'archipel indien, et plus loin dans la Nouvelle-Guinée, en Australie et en Tasmanie, nous voyons répandue une race chez laquelle le caractère dolichocéphale, prognathe, est très-prononcé ; cette race est noire en Afrique et à cheveux lisses et plats en Australie. C'est la race la plus primitive sur le sol le plus ancien. Cette race est composée des peuples nègres, nègres colorés et négroïdes, c'est-à-dire les nègres de l'Afrique, les Cafres, les Casse-Kel, les Hottentots, les Boschimans, les races primitives de l'Inde, les négritos, les habitants de la Nouvelle-Guinée, les nègres de la Tasmanie, les noirs de l'Australie, les habitants de l'île de Chattam et de la Nouvelle-Calédonie. Tous ces noirs dolichocéphales, prognathes, à cheveux crépus ou à cheveux lisses, habitent l'hémisphère austral, sauf l'Amérique du Sud.

En Asie, les peuples dolichocéphales, prognathes, sont d'abord : à l'est les Chinois, et plus loin les Japonais, et ensuite, au nord-est et au nord, jusqu'à la rive droite du Iénisséï : les Tongouses,

les Tchouktches, et, au delà du détroit de Beh-
ring, les Esquimaux ; enfin, au sud et au sud-est,
les populations de l'Indo-Chine, jusque dans l'Archipel indien et même jusque dans les îles de la
Polynésie.

Les peuples brachycéphales occupent d'abord le
grand plateau central de l'Asie ; les Malais s'éten-
dent au sud de ce plateau, les Mongols proprement dits au centre et au nord. Une partie de ces
peuples brachycéphales s'étend le long de la rive
gauche du Iénisséï jusqu'à l'Océan glacial boréal,
et au nord-ouest jusqu'à la pointe la plus septen-
trionale de l'Europe. Dans les derniers temps, on
a généralement adopté le nom de *Touranien* pour
indiquer ces brachycéphales du centre et du nord-
ouest. Nous avons proposé, à l'instar de Castrén
et d'autres savants, de lui substituer celui d'*al-
taïque*.

On a cru longtemps avec Morton que tous les
peuples de l'Amérique, à l'exception des Esquimaux, étaient brachycéphales. L'inexactitude de
ce fait a été démontrée ; le continent américain renferme au contraire un mélange très-curieux et très-
compliqué de populations dolichocéphales et brachycéphales. Il y a des savants qui pensent que la
déformation des crânes, usage généralement ré-
pandu en Amérique, n'était qu'une tendance à

exagérer, par des moyens artificiels, le caractère propre des deux grands types de l'humanité.

Depuis l'Esquimau dolichocéphale jusqu'à l'habitant de la Terre-de-Feu qui est brachycéphale, le type extérieur a quelque chose d'uniforme, et cependant nous pouvons y constater tous les degrés du prognathisme.

En Europe, enfin, la race méditerranéenne, les Aryens et les Sémites sont les maîtres de cette presqu'île asiatique. Tous ces peuples sont dolichocéphales et orthognathes, à l'exception des Slaves qui sont brachycéphales et orthognathes ; ce sont là les deux types les plus parfaits des deux grandes races humaines.

L'Europe avait été habitée, avant l'arrivée des Aryens, par une ancienne population dolichocéphale, venue, selon toute probabilité, de l'Afrique, où elle avait précédé les Sémites. Les Thraces, les Étrusques et les Ibères étaient dolichocéphales, et les Basques, dernier vestige des Ibères, le sont aussi.

Voici, en quelques traits généraux, la subdivision de l'humanité selon la conformation des crânes.

Il y a deux faits qui nous frappent de prime abord ; les Mongols, c'est-à-dire ce que nous entendons par peuples mongoliques, se subdivisent en Mongols dolichocéphales et en Mongols brachycéphales. Une nation qui nous semblait une, d'après toutes les conditions qui constituent cette unité, les mœurs, les usages, les superstitions nationales même, et surtout la langue, se trouve scindée en deux grands tronçons : d'un côté les Tongouses et les Mandchous (dolichocéphales); de l'autre côté les Mongols proprement dits et les peuples ouralo-altaïques (brachycéphales). Si cette séparation nous paraît bien hardie, pour ne pas dire arbitraire, que devons-nous dire de celle qui détache une branche entière et des plus importantes de l'antique famille âryenne pour en faire des Touraniens ? Les Slaves, avons-nous dit tout à l'heure, sont brachycéphales, et cette fois-ci, il ne s'agit pas seulement des Russes dont on voudrait faire des Mongols, non, tous les Slaves, ceux du centre de la Russie aussi bien que les riverains de la Vistule, de l'Elbe, de la Drave, de la Save et du Danube, sont brachycéphales, orthognathes, aussi bien que les Finnois-Suomiens et les Magyars. Ce fait seul n'est-il pas une raison suffisante pour constater que l'Anthropologie et l'Ethnographie sont deux sciences incompatibles? L'Ethnographie perdrait son caractère propre si elle voulait se plier aux exigences de sa sœur aînée. Nous ne saurions admettre des théories aussi étranges.

L'Ethnographie, et plus spécialement l'Ethnographie linguistique, est seule à même de proposer un classement rationnel et pratique de la race humaine existant aujourd'hui, et, en éclairant l'origine et l'antiquité des peuples, elle trouvera dans l'Anthropologie un puissant auxiliaire.

L'ethnographie linguistique est donc la science qui s'occupe de grouper et de classer les différents peuples de l'univers selon leur langue. Lorsque, grâce au génie de Bopp, la philologie a été établie sur un fondement scientifique, on a commencé à créer l'Ethnographie linguistique. On a choisi trois manières différentes pour classer les langues, et c'est ainsi que trois écoles se sont formées :

1º L'école qui classe les langues au point de vue morphologique ; 2º celle qui les subdivise au point de vue psychologique, et 3º celle qui les range au point de vue généalogique.

Schleicher est le représentant de la première école, Steinthal celui de la seconde, et Frédéric Müller, de Vienne, celui de la troisième.

Les limites du domaine de ces trois écoles sont bien tracées, et on ne peut les confondre impunément sans tomber dans l'erreur. Les recherches d'un savant d'outre-Manche en font preuve.

Ce savant ayant confondu les données de l'école morphologique et celles de l'école généalogique, a

2

réuni les éléments les plus disparates dans un grand *Tout* qu'il a surnommé langues touraniennes. C'est grâce à de pareilles théories que plusieurs autres savants, s'étant appuyés sur ce système, sont arrivés à des conclusions complètement inadmissibles.

Si nous connaissions toutes les langues de la terre, la subdivision, proposée par Schleicher, serait peut-être la plus rationnelle; ce savant divise les idiomes en langues à flexion, en langues agglutinatives et en langues monosyllabiques. Les langues âryennes, sémitiques et chamitiques font partie de la première de ces trois classes; les langues altaïques (touraniennes) de la deuxième et les langues de la Chine et de l'Indo-Chine de la troisième. Mais, malheureusement, la philologie n'est pas encore assez avancée pour que nous puissions grouper les langues d'après les principes de Schleicher. Le système de M. Steinthal, système sans doute fort savant, est trop empreint d'idées philosophiques et abstraites pour assurer un résultat pratique, et nous pensons que pour l'instant il faut accepter les subdivisious généalogiques proposées par M. Frédéric Müller, qui sait concilier les données de la science avec les exigences du moment.

M. Frédéric Müller arrive à classer les peuples

en se plaçant au point de vue de leur culture intellectuelle et morale, et il est certain que les langues en portent surtout l'empreinte. Cette culture,
si nous pouvons nous servir de cette expression
hardie, y est incarnée.

Si dans la classification proposée par M. Fréd.
Müller, le lapon et l'ostiak se trouvent placés au
dessus du malai et du javanais, si sur cette vaste
échelle humaine, le letton et l'indou sont au-
dessus du chinois et du japonais, il ne faut pas
que nous soyons surpris, car le type le plus par-
fait de chaque groupe a servi à M. Müller pour
arriver à un classement gradué et raisonné ; on ne
saurait lui donner tort d'avoir considéré les apti-
tudes d'une race qui a produit les Perses et les
Grecs comme supérieure à celle qui a atteint son
épanouissement dans les Chinois et dans les Japonais. Les treize subdivisions que M. Fr. Müller
établit sont : 1° les Australiens ; 2° les Papous ;
3° les Malais ; 4° les Battaks ; 5° les nègres de
l'Afrique ; 6° les Africains du centre ; 7° les Hottentots ; 8° les Cafres ; 9° les Américains ; 10° les
Asiatiques du nord ; 11° les Asiatiques du sud ;
12° les peuples de la Haute-Asie ; et 13° les Médi-
terranéens. Examinons rapidement ce tableau où
nous trouvons classée l'humanité d'après ses langues et sa culture intellectuelle et morale, et nous

pourrons facilement y déchiffrer toute son histoire avec son développement graduel.

Sur le dernier échelon nous apercevons l'Australien; être qui touche de près à la bête, car il ne connaît que les besoins de l'animal. Semblable à la bête, il vit de la nourriture que le hasard lui présente, son habitation est très-imparfaite et ne mérite même pas le nom d'habitation, son âme est plongée dans une torpeur complète et seul l'assouvissement d'instincts brutaux, tels que la faim, la soif, les instincts sexuels, a le pouvoir de l'exciter. On ne retrouve chez lui aucun vestige d'une idée religieuse définie, aucune trace d'un culte divin organisé.

Au-dessus de l'Australien, nous trouvons le Papou. Il ramasse la nourriture dont il a besoin, il élève quelques animaux et il cultive la terre. Ses habitations, construites au bord des rivières et des lacs, sur des pilotis, rappellent vaguement les habitations lacustres qu'on a découvertes au centre de l'Europe. Son caractère est gai et il connaît des plaisirs plus élevés que l'Australien. Sa superstition revêt déjà des formes plus définies, il se taille des idoles dans le bois et il leur construit des temples.

Un progrès notable se manifeste chez le Malai et chez l'habitant de la Polynésie. A côté des coutumes imposées par la satisfaction de ses besoins, nous rencontrons déjà quelques éléments essentiels d'une civilisation naissante. Nous y trouvons une vie de famille. Les tribus sont chacune gouvernées par un chef. Il y a des lois consacrées par les mœurs et les usages. Le Malai construit des navires, et il s'avance jusqu'en pleine mer; chez lui les idées religieuses sont plus définies et on rencontre même des traditions. La douleur et la joie se manifestent dans des chants qui subsistent dans la mémoire du peuple. L'influence du chef ne se base pas seulement sur sa force brutale, mais aussi sur l'art et la puissance de sa parole.

Au-dessus du Malai et du Polynésien, nous voyons le nègre; ses habitations sont massives et la manière de les construire est même quelquefois ingénieuse, le sol est mieux exploité, un grand progrès se manifeste surtout dans l'industrie et le commerce; le Nègre bâtit des villes assez étendues, et il vit dans des États organisés. La disposition momentanée de ses impressions s'exprime par des chants et des proverbes, et des énigmes parlent en faveur de son intelligence.

L'Américain est en général chasseur et pêcheur et comme tel inférieur au nègre et même au Malai Polynésien; mais si l'on considère d'un côté la configuration et la situation de son pays et le peu de ressources qu'il lui présentait, et d'un autre côté sa civilisation souvent importante, toutes les fois que des conditions heureuses favorisaient ses efforts (au Mexique et au Pérou, p. e.) nous sommes obligés de le placer au-dessus du nègre. Car les constructions et les monuments des deux États civilisés de l'Amérique surpassent tout ce que le nègre a produit sous ce rapport. Les différents moyens créés par la civilisation américaine sont si multiples, que plusieurs savants croient à des influences étrangères pour les expliquer.

Les peuples de la Haute-Asie sont encore au-dessus de ceux de l'Amérique. Quoique la plupart d'entre eux soient des nomades, qui ne se sont fait un nom dans l'histoire qu'en ébranlant l'Asie et l'Europe, il ne faut pas oublier que deux d'entre eux, les Chinois et les Japonais, ont fondé deux États policés qui auront leur place durable dans l'histoire de la civilisation. Ces deux peuples sont arrivés, sous maints rapports, au sommet de la culture humaine ; ils ne sont nullement inférieurs à ceux de l'Occident.

Le plus haut degré d'un développement idéal a été atteint par les nations méditerranéennes. Dans leur première apparition, comme peuples chamitiques, elles ne surpassèrent guère la culture chinoise. Ce ne sont que les Sémites et les Indo-

Européens qui ont atteint à une civilisation libre et presque idéale, civilisation qui a fini par rompre victorieusement toutes les entraves que les temps et l'espace leur opposaient et qui a tout soumis à son influence vivifiante. C'est par cette culture intellectuelle et morale seule que l'homme a pu devenir, comme le représente la tradition des Sémites, l'image de Dieu. L'Européen ne l'a certainement pas été dans son origine, de même que l'Australien ne l'est pas encore maintenant. Des milliers d'années devaient s'écouler avant qu'il pût arriver à la plus simple organisation sociale, et de nouveaux siècles ont dû passer sur lui avant qu'il put comprendre la morale la plus élémentaire. La civilisation a idéalisé les traits sauvages de l'homme primitif, elle l'a rendu semblable à Dieu. La civilisation n'est pas un don d'en haut, mais le produit d'un travail patient, d'un effort séculaire, comme le dit Hésiode :

« Τῆς δ'ἀρετῆς ἱδρῶτα θεοὶ προπάροιθεν ἔθηκαν ἀθάνατοι [1]. »

Dans notre cours précédent, nous avons exposé la géographie du grand plateau central de l'Asie

---

1. Voir pour tout ce que nous venons de dire les travaux de MM. Frédéric Müller et Seligmann.

et l'Histoire des Mongols. Cette année, nous avons l'intention d'étudier avec vous la géographie de l'Asie en général, celle de la Chine, ainsi que l'histoire de cet empire.

Plusieurs d'entre vous, Messieurs, se proposent de se vouer à la carrière consulaire et de rendre ainsi des services à leur pays en protégeant et en étendant son commerce sur les plages éloignées de l'Asie orientale. C'est une belle carrière que vous avez choisie, Messieurs, car l'étude de ces pays a de quoi satisfaire la curiosité la plus exigeante, elle a de quoi remplir la vie d'un homme. Mais c'est une tâche aussi pleine de péril et qu'il ne faudrait pas entreprendre sans y être préparé.

Il nous semble, qu'outre l'étude de la langue, sans laquelle vous ne pouvez y songer et qui vous initie à une littérature dont les chefs-d'œuvre ont été appréciés de tout temps, outre l'étude de la langue, dis-je, la connaissance du pays et celle des habitants vous est également nécessaire sinon indispensable. On ne peut entreprendre avec fruit le plus petit voyage, sans la connaissance de la géographie du pays qu'on visite, sans avoir des notions de l'histoire de ses habitants. Nous nous proposons donc de vous faire un cours de géographie de la Chine. Un cours de géographie ne peut guère être une œuvre originale. Il faudrait avoir parcouru le pays qu'on veut décrire, je dirai plus, il faudrait y avoir séjourné de longues années. Et encore, — le travail personnel ne saurait être qu'incomplet, car la description géographique d'un pays est le résultat des recherches patientes et des investigations minutieuses d'un grand nombre de travailleurs ; chacun apporte sa part, et de cette manière on arrive à construire un édifice solide et durable. Il n'y a que peu de savants, hors ligne, qui fassent exception à la règle ; l'intuition géographique est aussi rare que les hommes, comme Humboldt, comme Klaproth, comme Ritter, comme Malte-Brun. Et pourtant les dernières découvertes n'ont-elles pas renversé les plus ingénieuses démonstrations d'Humboldt sur l'orographie de l'Asie centrale ?

Nous puiserons donc pour ces études dans les œuvres d'Humboldt, de Ritter, de Klaproth, de Malte-Brun, d'Abel Rémusat ; dans celles de MM. Vivien de Saint-Martin, Levasseur, Hauslab, Fr. Müller, Kæuffer, Plath, etc.

Nous suivrons les hardis voyageurs qui ont pénétré, quelquefois au péril de leur vie, dans ces contrées éloignées. Nous traverserons, avec Huc, Moorcroft et Cunningham, le mystérieux pays du Tibet ; nous suivrons Shaw, Hayward et Johnson à travers les défilés de la grande chaîne de montagnes appelée Monts Karakorum jusqu'aux sources des trois fleuves qui, réunis sous le nom de Tarim-Gol, se jettent dans le lac salé de Lop; nous visiterons avec Fedchenko, Sérézow et les frères Schlagintweit le gigantesque plateau de Pamir, que ses habitants appellent la coupole de l'univers; nous parcourrons avec Ney-Elias l'immense désert de Gobi, depuis la frontière russe jusqu'au cœur de la Chine; nous suivrons Tymkofsky de Kiachta à Pékin; le capitaine d'état-major russe Privalsky à travers la Mandchourie, la Mongolie et le Tangout, jusqu'au beau lac bleu, appelé Kou-Kounor, et jusqu'aux sources du Hoangho et du Yantsékiang, et en dernier lieu nous traverserons la Chine en tout sens avec M. Richthofen, et le sud de cet empire jusqu'en Cochinchine avec le regretté Francis Garnier.

Nous n'avons pas découvert un archipel dans notre cabinet de travail, comme Klaproth l'avait fait pour l'archipel Potocky; il ne nous a pas été donné de parcourir le vaste plateau de l'Asie centrale comme la plupart des voyageurs que nous venons de nommer; non, — notre tâche a été plus modeste, nous avons compilé des faits, mais nous nous sommes permis néanmoins d'en tirer des déductions qui vous paraîtront souvent un peu hardies, mais qui ne manqueront pas, nous l'espérons du moins, d'attirer votre attention.

En second lieu, nous avons l'intention de vous exposer l'histoire de l'empire chinois, depuis son origine jusqu'à nos jours. Nous distinguerons trois grandes époques.

La première qui a précédé Confucius jusqu'à l'apparition de ce grand réformateur. Nous subdiviserons cette époque en trois périodes.

La première jusqu'à Yao, 2200 av. J.-C., mythes et traditions.

La seconde depuis Yao jusqu'à Wou-Wang, 2200 à 1100 av. J.-C.

La troisième depuis Wou-Wang jusqu'à Confucius, de 1100 à 500 av. J.-C.

La seconde époque, celle de l'établissement de la vraie civilisation dans ces pays, l'époque moyenne, depuis Confucius jusqu'à la domination des dynasties étrangères (500 av. J.-C., à 1000 de J.-C.) se subdivise encore en trois périodes.

La première depuis 500 av. J.-C. jusqu'à l'établissement du bouddhisme, 65 de J.-C.

La seconde de 65 jusqu'à 600 de J.-C., avénement de la dynastie Tang en Chine.

La troisième depuis 600 jusqu'en 924, avénement de la dynastie mongole.

La troisième époque, l'époque moderne, depuis la première dynastie étrangère jusqu'à nos jours, se subdivise également en trois périodes.

La première de 1000 à 1364, expulsion de la dynastie mongole.

La seconde de 1364, avénement de la dynastie des Ming, jusqu'à 1644, conquête de l'empire par les Mandchous.

La troisième période depuis l'avénement de la dynastie des Tsing (Mandchous) jusqu'à nos jours.

Vous verrez ainsi, Messieurs, dérouler devant vos yeux toute l'histoire de la Chine, uniforme et monotone, malgré les nombreuses guerres et révolutions; une histoire à part, comme seul cet étrange pays pouvait la produire. Car, en vérité, jamais la Chine n'a été soumise, elle a toujours absorbé ou assimilé en peu de temps ses oppresseurs barbares. C'est une preuve éclatante de la puissance de la civilisation quand elle se trouve dans des milieux aussi propices que les fertiles bassins du Hoangho et du Yan tsé Kiang. Vous aurez l'occasion, Messieurs, de connaître la Chine du moyen âge, du temps de la domination des Mongols, grâce au prodigieux livre que le plus extraordinaire des voyageurs nous a laissé. Vous devinez, sans doute, que nous voulons parler de Marc Pol, qui passa plus de vingt-cinq ans en Chine, à la cour d'un des plus grand princes de son temps. Car, il faut bien en convenir, Khoubilaï-Khan, ainsi que plusieurs siècles plus tard le sage empereur Kang-hi, étaient des princes bien supérieurs sous tous les rapports à beaucoup de rois de l'Occident. Nous verrons que la politique chinoise a toujours poursuivi le même but avec autant de ténacité que de patience. Ce but, c'était la possession de l'Asie centrale qui lui assurait la suprématie sur l'Asie entière.

Et encore maintenant que la puissance chinoise a perdu, grâce à des guerres intestines et grâce à l'audace et à l'énergie d'un aventurier de talent, la belle et fertile province du Tourkestan oriental, nous voyons qu'elle se prépare et qu'elle s'arme pour reprendre cette précieuse possession. Yacoub-Bey, le roi de Kachghar, aura beaucoup de peine à résister à la longue aux agissements de la cour de Pékin, car où la force des armes ne suffit plus aux Chinois, leur diplomatie vient en aide, et nous savons tous qu'ils sont passés maîtres dans cet art difficile. Nous voyons donc que l'Asie centrale est encore maintenant le centre de l'action politique en Asie. L'Asie centrale, très-probablement le berceau de l'humanité, est certainement une des contrées les plus intéressantes de notre globe.

C'est d'ici que les peuples se mirent la première

fois en mouvement pour envahir l'Occident, inva
sion préhistorique dont le commencement remonte
à des époques sans doute fort reculées, car tout
porte à croire que les Ibères, les Ligures, etc.,
n'ont pas été les autochthones de l'Europe. Cette
première invasion fut suivie de celle des Celtes,
des Itales, des Pélasges, des Hellènes, des Ger-
mains et des Slaves. Tous les peuples sont partis
du berceau commun, de l'Asie centrale et la mi-
gration des derniers d'entre eux nous transporte
soudain au cœur de l'histoire. Tandis que pour
l'antiquité Moïse et Hérodote nous ont fourni des
descriptions ethnographiques d'une incomparable
lucidité, Ammien Marcellin nous fait la peinture
d'un ébranlement général des peuples barbares,
ébranlement causé par les révolutions intestines
qui remuaient le centre de la vieille Asie. On a dit
avec un peu d'exagération, mais non sans vérité :
« Ammien est pour l'histoire moderne ce qu'Hérodote est pour l'histoire ancienne; c'est dans son
livre qu'on découvre les origines des nations ac-
tuelles de l'Europe. »

Nous voilà arrivés au seuil du moyen âge. Les
peuples barbares qui menaçaient, depuis quelque
temps déjà, l'empire romain en décadence, s'ébran-
lent brusquement, et envahissent les contrées fertiles et civilisées de l'Europe en exterminant tout

sur leur passage , semblables à une avalanche qui
se précipite dans une vallée prospère et qui broie
impitoyablement tout ce qu'elle rencontre. N'est-
ce pas un fait qui confond l'esprit humain, qu'une
agitation, se produisant sans cause apparente parmi
les hordes sauvages de l'Asie centrale, ait suffi
pour engloutir tout un monde de richesses inouïes,
de splendeur séculaire et de civilisation intellectuelle et morale, pour le replonger dans les plus
noires ténèbres de la barbarie ?

Fort heureusement, nous voyons paraître à l'ho-
rizon la foi chrétienne, qui fondera, après un enfan-
tement laborieux mais fécond, une civilisation plus
grande, plus humaine et plus réelle que ne fut la
première.

Imprimerie Eugène Heutte et Cᵒ, à Saint-Germain.

100